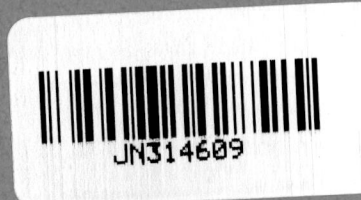

東京「農」離島

髙橋 淳子

| tokyo | NOU | rito | takahashi junko

文芸社

はじめに

「石の上にも３年」という諺がありますが、私が「農」をテーマとして農業にかかわる人々を撮り始めてから今年で約７年になります。

2004年にペンタックスフォーラムで写真展「東京近郊で生きる農民たち」を開催し、東方出版から写真集「東京近郊農家」を発刊。３年後の2007年６月には富士フォトサロンで写真展、『東京「農」23区』を開催し、同時に写真集を文芸社で発刊しました。その折り、新聞社などの取材を受け「今度は何をテーマとしますか」との質問を受けてきました。私は小笠原や伊豆七島など“東京の島の農業”と答えてきました。答えてはきましたが“何故”東京の島なのかは自分でもよくわかっていませんでした。海で囲まれた東京都は、都会的な23区とは違った東京の農に出会えるような気がして決めたように思います。

都会の東京23区の農風景では農の現場を見つけ出すのが大変でした。しかし『東京「農」23区』の写真展、写真集がきっかけとなり今回の島の取材ではJA東京中央会をはじめ農業関係者の方から情報を得たり、島の組合長を紹介してもらうなどの力添えをいただくことができました。これらのことは限られた日程の中での取材に大いに助かりました。何でもこつこつやっているとそのうちこのようなご縁も出来るのだと有難く感じたものです。

島に取材に行くということは今までとは違った心配な事がありました。一つには周囲が海で囲まれているので天候に左右され船の就航がままにならないということ。行きはともかく仕事に穴を開けるわけにはいかないので帰りが予定通り就航することを祈り、最悪遅れることも頭に入れて日程をくまなければならなかったのです。

また二つ目は私が乗り物酔いをしやすいということです。車でも自分が運転するぶんには平気なのですが、人の運転する車に乗ると車酔いをすることがあるのです。まして船には自信がなかった。以前ダイビングに凝っていた時がありましたが、岸からダイビングスポットに到着する前に船酔いをするほどでした。しかし自分への挑戦の意味もあり島での取材を決めたのです。幸い伊豆七島の何島かは高速ジェット船という船体を浮き上がらせて走行する揺れが少ない船のあることを知ったので条件さえ許せばできるだけその船を利用してきました。

最初の取材先は白い砂浜が美しいと聞いた神津島にしました。天上山という高い山がありその頂上から見渡せば周りの島々がよく見えると聞いたので、新たに超広角レンズを購入して初取材に備えました。これで私のカメラバッグはさらに重くなってしまい、旅の途中でぎっくり腰になるのではないかと第三の心配が頭をかすめました。これもまた船の就航、船酔いと同じく祈るしかないのかも知れません。

なかなか時間がとれず実際の取材は延び延びになっていました。2007年9月に入ってようやく調整がつき、9月の5日から7日にかけて神津島に取材に行くことに決めました。しかし、その計画は大型の台風のため欠航となりあえなく撃沈。初めから前途多難を思わせましたが、ようやく9月26日神津島に渡り“島の農業取材”の第一歩を踏み出したのです。

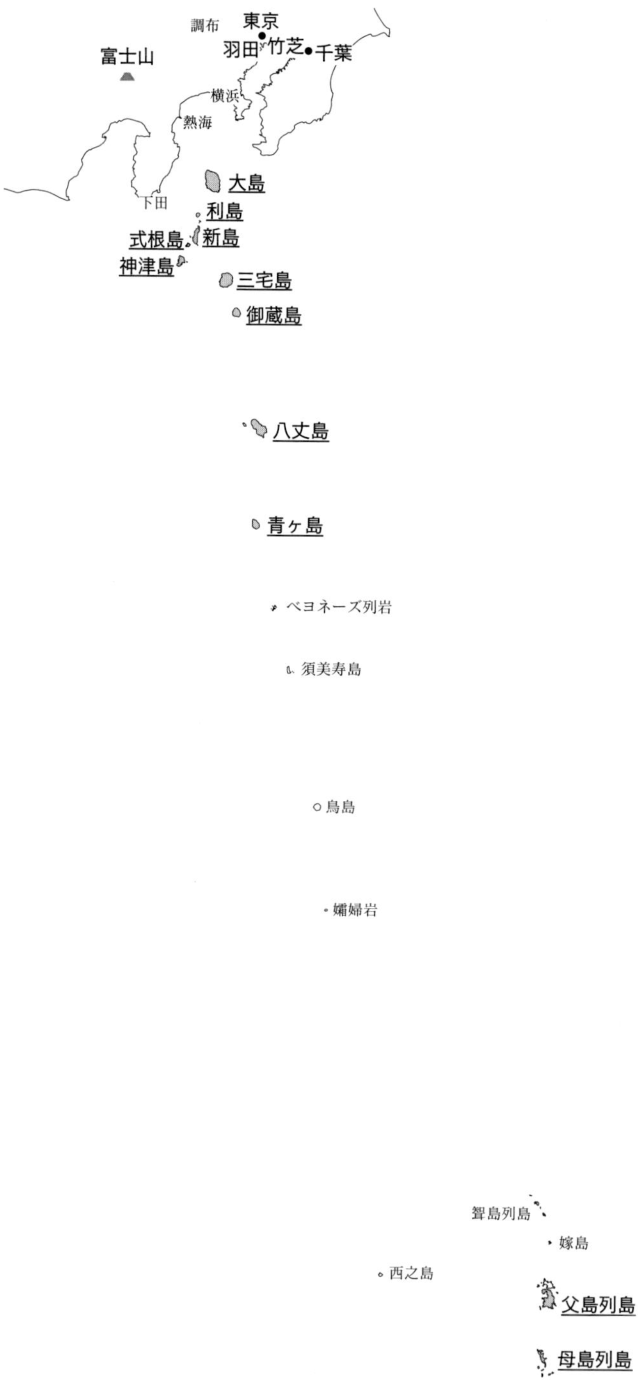
調布
東京
羽田
竹芝
千葉
富士山
横浜
熱海
大島
下田
利島
式根島
新島
神津島
三宅島
御蔵島
八丈島
青ヶ島
ベヨネーズ列岩
須美寿島
鳥島
孀婦岩
聟島列島
嫁島
西之島
父島列島
母島列島

INDEX

最初の取材地“神津島”

神津島を初めの取材地に選んだことは正解だったようです。当初意気込んで決めた9月5日出発は、台風の影響で欠航となり、9月26日から3日間の予定へと変更を余儀なくされました。最初に東京の島の農業を撮るという目的で島に渡った神津島ですが滞在期間はたった3日間です、どれだけの農を見つけ出せるか不安でした。

港に宿の出迎えがあると聞いていたのにずいぶん長いこと港で待ちぼうけを食いました。後でわかった事ですがどういうわけか、宿泊予約名簿が「髙橋」ではなく、また性別も男性となっていた為でした。嘘のような本当の話。自分が女らしくないことは承知しているけれど男性（?）とは。宿泊先に向かう車中、レンタカーを借りたいと話をすると「宿の車を自由に使っていいよ」と言ってくれました。それはありがたいと思いましたがすぐに無理なことに気がつきました。島の道幅は一様に狭く坂も多い、その上私の泊まる宿には車の両脇10cmほどしかない狭い道路をバックで20ｍほど入らなければならないのです。これではバックに自信のない私には車を出すことも入れることも出来そうにありません。女主人は「慣れですよ」というが、3日間の滞在では到底叶わぬことと諦めざるを得ませんでした。宿に着いてから島の農業を撮りに来たと話をすると、自分の両親が農業をしていると車で案内をかってでてくれました。車中で「母は全く私に似ていない。とても美人だよ」と言いながら狭い道もなんのそのスイスイ走り、ビニールハウスが並ぶ畑の間でレザーファン（生け花用）を束ねているお母さんに引き合わせてくれました。

事情を話すとお母さんは快く取材に応じてくれました。話の通り、本当に品が良く美しい婦人でした。続いて坂道を飛ばし、自家製有機肥料を作っているというお父さんの仕事場に連れて行ってくれました。仕事場に入る前に念を押されました。物凄いにおいがするけど大丈夫かと。私は撮れるものは何でもと意気込んでいたので「もちろん大丈夫」と答え中に入ったのですが、でもさすがにひどい臭い。この臭いの中、小柄な男性がランニング姿で働いていました。

頑固者だと聞いていたお父さんですが写真撮影には、これまた快く応じてくれました。今回私は昔から島で伝わる郷土料理なども取材出来たらと願っていたのですが女主人はそれもかなえてくれました。親戚の叔母に電話を入れ、たのんでくれたのです。いまはあまり作らなくなったけれど昔は年末の大掃除後や祝い事の時などに食べたという“アブラキ”と“カサンバモチ”という伝統郷土料理があるというのです。

翌日女主人は餅を包むカサンバという葉を採りに行ってくれました。私も同行しましたが八つ手に似た手のような形をした葉っぱでした。しばらくして親戚の叔母さんが材料持参で宿に来て、宿の台所を使って手際よく粉を練りだし、小一時間ほどかかって２種類の郷土料理を作ってくれました。おかげで無事写真に納めることができ、大変有難かった。昼食代わりに試食もさせてもらいましたが、素朴な味で、アブラキは油で揚げるので、すこぶる腹もちが良いものでした。

このようにして３日間、仕事の合間を縫っていろいろ取材に協力してくれました。神津女と八丈男は働き者と聞いたことがありましたがまさしく女主人はその通りの人、行動力のある働き者で、そのうえ親切でした。

レーザーファンの出荷準備　神津島

有機肥料作り　神津島

アシタバの袋詰め　神津島

神津島は昔むかし、伊豆七島を創造するとき７人の神様が集まったという言い伝えがある伝説の島です。確かに今も神がいる？

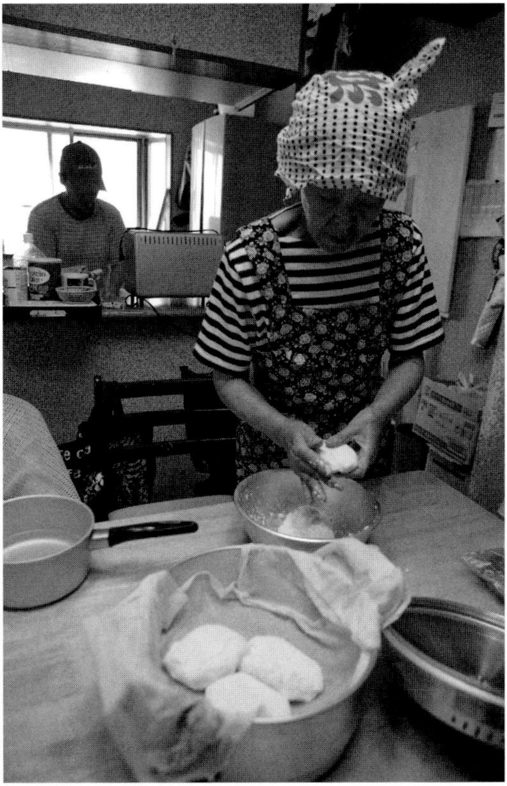

伝統郷土料理を作る　神津島

小笠原　父島

2007年10月23日から28日の6日間、小笠原父島の取材予定を入れる。母島を一緒にまわれば効率が良いが、仕事の都合で今回は父島だけの取材。

船旅の予定は台風などの襲来があれば欠航などでもろくも消え去ります。その日が来るまでというより、その当日に船会社に出港確認をするまで安心はできません。しかし今回、10月23日は午前10時30分予定通りに出港。初めて船の長旅です。私のチケットは二等自由席で和室。船室内はいわゆるザコ寝です。乗船待合所で知り合った島に帰る婦人の話によると乗船受付番号が早いとレディースという女性専用室を指定できるとの事でした。自慢できる寝顔ではなく、まして鼻の悪い私はすごい鼾をかくことがあるらしい。この年でもまだ恥ずかしいという気持ちは持っています。殿方にあられもない姿をさらすことには低抗があり、迷わず「レディースでお願いします」と乗り込む。その日の東京湾は穏やかですこぶる快適でした。レストラン、売店、シャワー室、カラオケ室、シアター室と豪華客船でなくともワクワクします。しかし東京湾を出るにしたがって波が立ってきて、乗船前にしっかりと酔い止め薬を飲んでいましたがそれでも気分が優れなくなってきました。普段は寝つきが悪い私ですが航海中はほとんど寝ていました。寝ていたと言うより起きていられないと言うほうが正しい。食欲は湧かず、船内のレストランで食事をしてみたいと思っていましたが、起き上がることもできず、横になりながら竹芝桟橋乗船待合所の売店で買った飲み物を流し込みサンドウィッチを少し口にしただけで事足りてしまいました。船内は中高年が目立つ普通の旅行とは違い若者たちが多く、ほとんどの乗船客のお目当てはダイビングのようです。船内で知り合った二人の若い女性もそうでした。翌日24日11時30分頃ようやく父島に到着しました。

出迎えてくれた民宿の女性が海岸近くの店頭に並ぶビーチサンダル（発泡ゴム製）はギョサン（魚サン）といって岩場でも滑らないと教えてくれました。私は岩場に行くつもりは無いのですが、ここ小笠原はなにしろ暑い、この時期で30度なのだからせめて足だけでも涼しくなりたいと買い求めました。

今回の取材では地元の農業関係者の方から２日間ほど取材の協力を得ることが

ニワトリを絞める　父島

夏野菜を育てる　父島

できているので心強い。ギョサンを履き、着いた翌日から２日間ほど農業に携わる人を紹介してもらい取材しました。初めに観光コーヒー農園にしたいと頑張って苗木を育てている方を紹介して貰う。コーヒーの苗木はまだ細かったが大きな夢に向かって育ってゆくことでしょう。

次の日は小学校の農業体験のために使用する種ジャガイモを前に、今から子供たちとの触れ合いを楽しみにしている農家の人を紹介してもらい宿に戻る。撮影していた時も痛いと思っていましたが宿に帰って足を見ると親指と人差し指の皮がえぐれ血が出ていました。もともと皮膚が弱く靴擦れしやすい体質ですがこんなひどいのは初めて。昔から新しい靴は足になじむまで相当な日にちを要する。極端なことを言うと靴が傷んだくらいになってようやく馴染むほどです。

明日からは自分で農を探し出さなければなりません。

翌日になると細菌でも入ったのか、血の流れに合わせてズキズキ痛む。バンドエイドをしていても血が滲み出てくる。泣きの取材となる。歩くのが辛いのでレンタルバイクを借りたいと思ったのですが免許証を忘れたため、自転車をレンタル。ママチャリとマウンテンバイクのいずれか迷いましたが、重いカメラバッグを肩に掛けたマウンテンバイクの運転はハンドルを取られて危ないと思い、籠付きのママチャリを選ぶ。しかし島は坂道が多い。乗るより押す方が多いほど。長い坂道を押しながら探し回る。またまた辛い。しかしそんななか出会ったのは三人の人を使い父島で唯一専業農家を営む女性でした。

　取材中、彼女は飼っている鶏を何羽か絞めだしました。初めての光景に私は興奮してシャッターを切る。「可愛いが情が移ると困るから飼っている鶏に名前は付けない。また早く楽になるようにいじめられている鶏から先に処分をする」と痩せた鶏を一番先に処分しました。

“人間は他の動植物の命をいただいて命を繋いでいる……感謝をしていただかなければ申し訳ない”と改めて感じる。

　彼女は畑仕事を終えると「民宿等から出る生ごみを堆肥にするためもらいに行くから宿まで送ってあげる」と私の乗ってきた自転車を荷台に積み込みました。

　車を走らせて暫くしたころ彼女は「キューバ危機のことを知った小学２年生の頃“これからは自分の食べるものは

相撲大会の土俵作り　父島

自分で作らなければならない時代が必ず来る”と農業に目覚めた」と話しました。さらに、「自分で食べるものが作れたらなにも怖いものはない」と日に焼けた顔は自信に満ちています。父島には男性もかなわない逞しい女性がいるようです。

帰り、27日昼の出港予定は台風20号の影響で夜の10時に変更になる。宿を出るころ時折り激しい雨になっていました。港で島の人が踊る“南洋踊り”に見送られ、翌々日29日の朝7時ごろ東京竹芝桟橋に着くという33時間余りに及ぶ船旅となりました。頭がボーッとする。帰港が一日遅れたのでそのまま会社へ出勤するという乗船客もいました。私はカメラボディーとレンズ5本が入った重いカメラバックを肩に掛け、スーツケースを引きずり、血がにじむ足を引きずりながら朝のラッシュアワーで込み合う電車を乗り継ぎ、家路に着きました。今回の取材は“痛かった”。

東京都無形民俗文化財「南洋踊り」で出航を見送る　父島

南国母島

父島と一緒にまわることが出来たならば竹芝桟橋から父島二見港までの片道約25時間30分の時間を短縮できるのですが約2週間連続での期間が必要になります。それほど長期にわたる取材は望めません。2007年10月23日から10月29日までの父島取材を終えて間もない11月6日から11月11日の6日間の予定で再び『おがさわら丸』に乗り込む。父島経由で『ははじま丸』に乗り継ぎ2時間10分ほどでやっと母島に到着。農業が盛んと聞いていたとおり島全体が父島に比べると緑が多いようです。

宿泊先で一息入れた後、近くを歩いて回る。あちらこちらにバナナの木が実をつけ、マンゴーやパパイヤなどの南国フルーツの果樹が空に向かって伸びています。初めて見るバナナの紅い花、わずかに黄色く色付いたパパイヤの実など異国のようです。次の日、宿の近くで色違いのブーゲンベリアやハイビスカスなどの花が咲いている庭がありました。何枚か道路際から撮影をしていると背後からご主人らしい人の声、島の農業を探していることを話すと興味を持って家に案内してくれました。家の中では奥さんが台所でパッションジュースとマンゴージュースの瓶詰め作業をしていました。撮影の許可をいただいてその様子を写真に収める。これこそ手作りという感じ。ご主人はフルーツだけでなく野菜も作っているので取材に協力してくれると約束をしてくれました。しかし、これから親戚の結婚式に出席するため東京へ行くので取材は後日改めてということになる。ご主人は船酔いをするのだと言いながらおもむろに酔い止めの薬を飲みました。島に住んでいるのに船酔いするとは意外な感じです。

その日の夕方から本格的に地元の農業関係者の協力をいただき農業取材にかかる。若い農業従事者を応援したいと年配の農家の人がノウハウを指導している現場や、今話題のフルーツ、アセロラの果樹などを写真に納めた。海に囲まれた母島はヤシを畑の周りに防風林として植え風害を防いでいます。また、取材中にいくつかの防空壕を見ました。こんな狭い所に身を潜め死の恐怖と闘っていたのかと思うと切なくなりました。

あっという間に滞在期間が終わり、東京に帰る日になった。10時30分『ははじま丸』の出港に合わせて見送りをする人々の中に滞在中取材に協力してくれた

マンゴージュースを作る　母島

観葉植物の手入れ　母島

あのご夫婦が来ていました。私を見つけると瓶詰めのマンゴージュースを持たせてくれました。

ありがとう！　色々お世話になりました。

父島に着き14時発の竹芝桟橋行き『おがさわら丸』に乗り込む。これから長い旅船、着くのは翌日15時30分ごろになる。酔い止め薬の力を借りて寝付いたが翌早朝いやに騒がしい。

昨夜『おがさわら丸』始まって以来の放火事件が発生したとの船内アナウンスが繰り返し流れました。2、3度船内のゴミ箱に放火され同時に盗難事件もあったらしい。幸い放火は乗組員が消し止め大事に至らなかったようでした。思わず胸をなでおろす。船内放送はそのあと「乗船客全員の指紋と事情聴取など犯人逮捕に協力を」と続きました。乗船客、乗務員全員に犯人の疑いあり？

竹芝桟橋が近づき東京湾海域に入ると海上保安庁の船から多くの保安員が『おがさわら丸』に乗り移り警察庁の船舶も姿を現しました。

指紋と事情聴取は料金の高い特等から特一等、一等、特二等、二等乗客の順で進められました。

ザコ寝で一番安い二等乗船客は一番最後まで待たされました。ちなみに私は二等でした。

25時間30分もの長い船旅で竹芝桟橋に着いたのは15時30分。解放されたのはそれから2時間後、東京の空が赤い夕陽に包まれた17時30分でした。

それから1週間ほど後になって犯人が逮捕されたとニュースが伝えていました。

これでやっと無罪放免です。

伊豆大島だより

伊豆大島といえば“椿まつり”が有名です。農業の取材ではありますが“椿まつり”に絡めて2008年2月12日から15日まで取材に向かう。竹芝桟橋から8時15分の高速ジェット船に乗船すれば2時間後の10時過ぎには大島に着きます。日帰りすれば出来ないことは無い程近い島です。

まず地元の関係者が案内してくれたのは昔ながらの製法で「椿油」を製造している製油所でした。訪れた時、若いイケメンが学生風の観光客５～６人に椿油の製造法を説明していました。関係者の話によると彼はこの製油所の三代目だといいます。一代目も二代目も代々イケメンとのことです。これは楽しみです。三代目の彼の誠実な対応はとても好感が持てました。私たちは、この後農家の人と約束を取りつけていたので、最後まで説明を聞かずに次の取材地に向かいました。翌日は乾燥させたツバキの実から油を搾り出す日だと聞いていたので再びその製

フリージアの出荷準備　大島

アシタバの収穫　大島

油所を訪れる。一代目二代目ともに噂にたがわず品格のある、なかなかのハンサム揃いでした。一代目は昨日のうちにツバキの実を一粒ずつ選別しており、良い実だけを絞るのだと説明してくれました。圧縮が始まると圧縮機から絞り出た油で製油所は出来たてのパンのような匂いに包み込まれました。沢山のツバキの実は圧縮されて直径30センチ厚さ15センチほどの丸い硬い塊と化します。この塊は農家に引き取られ、有機肥料として土に返されます。私はこの製油所で瓶入りの椿油を２本お土産に買い求めました。イケメンのせいもあるのかも知れませんが、やはり実際に工程を見てみると、安心と愛着が湧いてくるようです。

　大島は花農家が多く、フリージア、ガーベラなどを生産しています。レザーファンやペラという花束にする時に脇役になる葉物も作っています。輸送の関係で切花が主体です。野菜はほとんどが自家分で、毎日の食材となっているようで

祝いの島唄を練習する　大島

キンギョ草の苗づくり　大島

す。自分の酒のつまみにエシャレットを畑に沢山作っている農家の人にも会いました。ちなみに好みの酒はビールだそうです。野菜に比べると花の生産は難しいといいますが、野菜を作っていたのではなかなか採算が取れないというのです。そんななか野菜で出荷されているものの代表格は生命力が強く、今日、葉を摘み取っても明日にはまた葉っぱが芽を出すほど成長が早いので“明日葉《アシタバ》”と言う名がついたと言われているアシタバです。アシタバは半日陰を好みます。夏の日差しは葉やけを起すのでアシタバの周りには日差し避けに樹木が植えられています。また風避けのためにツバキが植えられているところが多く、風対策も必須のようです。花に比べ比較的手間がかからないアシタバは人手の足りない農家の主な生産野菜となっています。セリの仲間で、ほのかな香りはおひたしや炒め物に使用され食欲を増す効果があるようです。滞在中、地元の居酒屋でラッパ海苔

大島「椿まつり」 大島

とアシタバの炒め物をいただきましたがあとを引く美味しさでした。

また、海に囲まれているので刺身は勿論、大島の魚介類は美味しい。シッタカやメッカリといった巻貝は楊枝で刺してクルクルと回転させて身を取りだすのがなかなか楽しい。だが、失敗すると身を最後まで取り出せないのでつい真剣になってしまいます。

以前神津島を取材した時、各家庭で祝いのときに作る“カサンバ餅”という餅菓子を取材しましたが大島では“カシャンバ餅”という餅菓子があります。神津島は“カサンバ”の葉で包み、大島は“ツルウメモドキ”で包みます。名前の由来を調べれば、何か関連があるのかも知れないと興味をそそりました。

私は人物写真が多いので、取材の時、肖像権許諾書というものを持参しています。大抵一回の取材では10枚も持参すれば事足りるのですが、今回は予想外に多くの農家の人を取材することが出来たので足りなくなってしまいました。初めてのことで嬉しい限り、支えてくださった関係者の方々に心から感謝しています。

滞在3日目の夕方から最終日4日目の出航前のわずかな時間で内輪山の裏砂漠や三原山の勇姿が望める観光名所にも案内していただく。大島に来る前に観光案内所に電話して「島の皆さんは半袖でしょうか」などとトンチンカンな質問をしたことが恥ずかしいほど裏砂漠も三原山も雪をかぶっていました。特に内輪山の裏砂漠は大変な雪。そんな中を革靴のまま案内してくださった職員の方にはお礼の言いようもありません。その方は大島から一度本土の東京へ出た後、5年ほどして大島に戻り島の良さを改めて感じたと話してくれました。現在は昔から大島に伝わる三つの“祝いの島唄”を残したいと師匠から習っています。島を思う気持ちが伝わってきます。

撮影させていただいた農家の方々に早く礼状と写真をお送りしなければならないと思っているのですが、貧乏所帯の写真家は忙しくても人を雇うことが出来ません。大島から帰ってからも講演、雑誌の取材撮影と日々の仕事に追われ、実行できるのはあと数日後になりそうです。島の皆さん忘れたわけではありません、もう少し待っていてくださ～い。

新島へ

東京の島の農業を昨年2007年の9月から撮り続けています。

今年の2月に伊豆大島の椿まつりに合わせて取材に行ったきりなかなかスケジュールがかみ合わず延び延びになっていた島の取材を久々にこの8月16、17、18日の3日間に行う。

いつも取材は一人なのですが今回は3人での渡島です。スカパーやCATVで視聴できるテレビ番組「アグリネット」という食と農の専門チャンネルのプロデューサーと映像カメラマンが一緒です。

私が農家の人を取材して写真に納めるところを追っかけ取材をして、私を番組で紹介するという次第です。

プロデユーサーの話によると大概この番組での取材は生産者、つまり農家の人の取材がほとんどで、農家の人を撮り歩いている写真家を取り上げるというは初めてということでした。

出発前日に台風が発生して出港が危ぶ

レザーファンを収穫　新島

まれました。当然のごとく雨は覚悟していたのですが雨に会うこともなく、無事出港できたのは本当にラッキーでした。私はもともと自称「晴れ女」ですが、ここまでくると自分でも信じられないくらいです。

16日の7時30分に竹芝桟橋を出たジェットホイル（高速船で船体がジェット噴射により海面より浮いて進み時速80キロ位）は10時過ぎには新島の港に到着。

初日は島トウガラシ、レザーファンなどの生産農家の取材。また、本来は15日に片づけてしまうのを一日延ばしていただき、新盆を迎えた農家で盆飾りを写真に納めることが出来ました。私のわがままな要求を聞き入れ取材に協力くださった関係者の皆様に心から感謝しました。

さらに墓地にも案内してもらいました。神津島に行った時も感じたのですが島の人々はお墓をとても大切に守りいつもき

ルスカスの収穫　新島

新盆を迎える遺族　新島

れいな花々で飾っています。競ってお墓をきれいにしているそうです。新島のお年寄りの年金はすべてお墓に供える花に代わるという、もっともらしい話さえ聞いたほどです。お盆という特別な時期だからかもしれませんが神津島とはまた違って新島のお墓の様子はとてもユニークでした。新盆の人の墓の脇には棚飾りが設置され生前の写真と共にその人が好きだった食べ物や関係のあるものが納められています。供物として酒は一般的かもしれませんがパチンコの玉が入っていたり、競馬券が入っていたりしているのです。昼間の真青な空の下で見たせいか、普段自分がイメージしている墓地の印象とはかけ離れ、なぜか楽しい広場のように感じてしまいました。多分にそれは子供や若年層の遺影が無く、それぞれが楽しい人生を送られたであろうと想像させる老人の写真ばかりであったからかもしれません。またその飾棚に納められたユニークな供物の品々の影響が多分に

新盆の飾り付け　新島

あるように思います。

一般の人の墓地より一段下がったところに流人墓地がある。こちらは真昼でも光がままならない薄暗いところに小さな墓石が無造作に並んでいます。しかしこちらの墓石にも面白いものがありました。博打が好きで身を崩した人の墓でしょうかサイコロ博打に使う椀を伏せたような細工の墓石がありました。墓を建てた人は粋な人であったろうと想像を掻き立てます。また、この墓に眠る人物は博打が好きでも人が良く皆に好かれていたのではないかと思いを巡らせました。

夕方に新盆の人の灯篭流しが港で行われました。

昨年までは果物や野菜などを小船に乗せ海に流していたそうですが今年から海の汚染防止など、環境を考えて紙の灯篭を流すことになったそうです。

地元の関係者が灯篭流しの神事の前に経を読み新盆の人々が集う飾棚を港のすぐ近くに作っていました。スイカやキュ

郷土料理を作る　新島

ウリ、ナスなどが供えられ、1メートル程の麺らしきものを飾棚の両脇にたらし、鮮やかなオレンジ色のホウズキがその横に飾られています。

時刻は午後6時をまわり傾きかけた太陽がその飾棚を照らします。

素朴な神事。ゆっくりとした時間を感じます。

この様にして私は自分の取材をしながらテレビの取材を受けているという奇妙な初日は終了しました。

宿にもどり3人で夕飯をとりました。

取材地での宿の食事はほとんどが一人です。しかしこの夜は若者二人と共にビールで乾杯し、汗まみれになって取材した一日の労をお互いねぎらいました。

私は民宿の自室に戻るなり爆睡でした。

2日目に取材したアシタバ生産農家の女性は困っていました。アシタバはもともと夏は収穫量が少なくなるのですが特に今年の夏は2カ月も雨が降らず不作で、収穫出来ないどころか、種さえも採れるかどうか分からないと童顔の顔を曇らせていたのです。

新島には湯の浜露天風呂という無料の温泉施設があります。水着着用が必要ですが大勢の人でにぎわっていました。私と取材スタッフの二人も足を湯につけてしばし取材の疲れを癒しました。

3日目に取材したトウガラシの生産者は若い美しい女性でした。一味の青トウガラシと赤トウガラシの加工に取り組んで頑張っています。農業が好きで島での農業に希望を持って取り組んできたが見合う収入に結び付かないのが悩みだと言っていました。

かくして3日間の間、私は農家の人の取材をして撮影しているところを撮影され、新島らしい風景のところでたびたびテレビ取材のためのインタビューを受けてきました。

質問に答えているつもりが話しているうちに自分で何を言っているのか分からなくなってきます。編集でうまく話を繋いでほしいと願わずにはいられません。

取材はすごい炎天下でのこと、朝、化粧をしたものの、直に汗で崩れてすごい人相であろうと想像するが化粧直しをする余裕もない。あられもない顔で意味不明の受け答えをする写真家に救いの手を！　と叫びたい心境の3日間でした。

私には取材をするよりも取材されるほうが大変な3日間でした。放映は9月末とのこと、どのような自分にご対面となるのか今からドキドキものです。

島から帰って何カ月か経った頃トウガラシ加工に取り組んでいた彼女から宅急便が届きました。中には白芋が入っており「やはり生産農家としてやって行くのは無理だとあきらめました。野菜づくりは好きなのでこれからは自家分として楽しみながら色々な野菜を作ってゆくことにいたしました。これは初めて作った白芋です。食べてください」といった内容の手紙が添えられていました。初めて自家分として作った白芋を送ってくれた彼女の気持ちは嬉しいと同時にやるせない。新島の農業関係者の期待の星だった若い彼女がこう決めざるを得なかったのは残念なことです。日本の生産農家の難しさを改めて考えさせられました。

レーザーファンを刈り取る　新島

式根島

式根島は伊豆七島には入っていません。式根島と新島は地続きだったのが江戸時代の大津波で分離したという説があるそうですが最初から2つの島は分離していたという説もあり定かではありません。確かなのは式根島の住所が新島村式根島ということです。

式根島ではシマアジやマダイを潮の満ち引きや潮流を生かして養殖をしています。大きないけすに餌を投げ入れると一気に群がってきて水面が泡立ち黒い大きな塊のようになりうごめく姿はまるで何か違う生き物に変身したかのようです。

島では、20年程前まで、子供が生まれると3才になるまで無報酬で島の他の女性が育てる“もんも制度”というものがあったと聞き驚きました。日中の授乳時間を除き夜まで我が子同様に世話をしたというのです。自分の子でさえ虐待して死に至らせる親もいるという現在、島にあったというこの風習は何故か心に残りました。

島で最初に紹介されたご夫婦には大変びっくりしました。島内で商店を営んでいた70歳を超えたご夫婦に息子さんが「親父もお袋も、もういい年なんだから店など閉めて好きなこと何でもいいから始めなよ」と言ったところ農業を始めたというのです。しかも家庭菜園などではなく出荷まで考えた本格的な生産農家です。学校の真下にある畑には大きな柵が作ってあります。学校が芝刈りをした芝を腐葉土にするため投げ落としてもらうための柵だそうです。

御夫婦は畑でアシタバ、サツマイモ、スイカ、キャベツ、ルスカス（生け花用の葉）などを育てていました。私が行った8月の畑には藪蚊が多く、話を聞いている間にも容赦なく刺されました。

相当な広さの畑、さぞかし大変と思われるのですが人間やる気さえあれば年齢も関係ないとばかりに、日に焼けた顔は生き生きとしています。

次の日、島の道路端に高齢者のマークをつけた軽トラックが止まる。降りてきたのは丸顔の可愛いご婦人。自家分のナス、トマト、トウモロコシなどの夏野菜を採りに来たのです。エプロンのポケットには幾つもの鍵を持っていました。無断で野菜を持って行ってしまう心無い人がいるので柵の鍵だと教えてくれました。

つい最近もニュースで収穫前のメロンが盗まれたと報道されていましたが本当に腹立たしいことです。苦労が報われる

キュウリを収穫する　式根島

サツマイモ畑で雑草を抜く　式根島

直前のことで本当に悔しい思いをされることと思います。

彼女は畑でトウモロコシの皮を剥いたり、赤く色づいたミニトマトを手際よく収穫して手に載せ満面の笑みで私に見せてくれました。

この日昼食をとりに入った食堂には息子夫婦を手伝って配膳を切り盛りし、午後から自分の好きな畑仕事をするという女性がいました。昼食を終えた私に「これから食堂から出た野菜くずを畑に埋めにゆく」とバケツとスコップを持って畑に案内をしてくれました。２カ月近くも雨が降らない暑い日でした。

アメリカイモ（白いので島の人はそう呼んでいる）を育て、ナスも作っていました。彼女は畑に足を運ぶこの時間が何よりも楽しいと話しました。

今回取材でお世話になっている方の奥さんは民宿の女主人です。色々辛いこともあったけれど、土を耕し野菜をつくることで精神的に立ち直ることが出来たと話してくれました。彼女に郷土料理作りの取材を願い出ると、民宿の仕事の合間にたかべのタンタン（たかべのタタキ）や島ずしや亀の手という珍しい貝の味噌汁などを作ってくれました。

海岸には無料の温泉場が数個あり、日焼けしないように日傘をさして水着姿で入浴する女性や、家族連れが気ままに楽しんでいました。海を見ながら贅沢な気分に浸ることができます。取材の途中で私は靴を脱ぎカメラバッグをおいて足を温泉につける。なんとも気持がいい、でっかい海を独り占めしているような気分になりました。温泉の温ったかさも島の人の温ったかさも格別でした。

式根島に渡ったのは去年８月のことですが、今年２月に食堂を営む息子夫婦を手伝っているあの婦人から小包が届きました。

「写真を有難う。今、採れている野菜です。食べてください」と短い素朴な文が添えられていました。

ひょっこり島に渡った一人の写真家にこんな心配りをしてくれるとは、何ともなつかしくまたうれしいことでした。

届いた箱の中からはトマト、ニンジン２種類、アシタバ、カリフラワー３種類が出てきました。その中のカリフラワーの１種類は私が今まで目にしたことのない黄色で普通の２倍はありそうな大きなものでした。

小包が届いたのは11時頃。今頃は店が忙しい時間かもしれないと３時頃にしようかと迷いましたが、嬉しくて待ち切れずにお礼の電話を入れました。

元気な声が受話器の向こうから聞こえます。黄色いカリフラワーの事を尋ねると「普通のものより数倍もカロテンを多く含んでいて栄養があるので島ではほとんどの人がこの種類を作っているよ」と教えてくれました。「すご〜く大きいですね」という私に「初めて作ったものだからそれでも小さいんだよ。トマトもなんだか色がちょっと悪いけど……以前来たときに見てもらったほら、あのハウスで作ったんだ。人参も２種類あるだろう。赤が濃いのは京野菜なんだよ。でも細くしかできなくてね〜。(受話器の向こうで照れ笑いが聞こえる）……でも自家分だからいいんだよ。形は今一だけど食べてみて」と。

私の送った写真をいたく気に入ってくれたようで「本当にホントにいい写真だよ〜、うれしいよ」とこれまた弾むように言ってくれたのです。

写真家はなんといっても写真が気に入ってもらえるのが一番うれしい。

受話器を置いた後もしばらく島に行った時のことが思いだされなつかしい気分になりました。

民宿で使うダイコンを収穫する　式根島

八丈島と青ヶ島

今回目指すは八丈島と青ヶ島。2島を一度に巡る予定です。

日程は八丈島で行われる郷の祭りに合わせて2008年11月2日から9日までの8日間に決めました。

青ヶ島は八丈島を経由しなければ行けないので一緒に訪れることにしたのです。八丈島へは大型船を利用すると前日の竹芝桟橋を10時20出発して翌朝9時30分と約11時間ほどかかります。長い船旅で八丈島に着いてからすぐに青ヶ島へ渡るのは如何にもしんどい。今回は奮発して飛行機とヘリコプターで渡ることにしました。八丈島へは11時間に及ぶ船旅も飛行機では45分。1時間も経たずに着く。1便目で羽田を出発することが出来れば連絡がよく、その日のうちに青ヶ島行きのヘリコプターのフライトに間に合う。しかし我が家は千葉県、7時40分のフライトに間にあわせるのは朝に弱い私にはなかなか厳しい。そこで2便目の10時30分羽田発11時20着で

店で使用する島トウガラシは自家製　八丈島

ストレッチア（ゴクラクチョウカ）の収穫　八丈島

八丈島に渡り翌11月3日9時20分八丈島から青ヶ島9時40分着のヘリコプターで渡ることに決めました。

ヘリコプターは9人の乗客で満席です。間近になると予約が取れないことも考えられるので早めに予約を入れました。

出発当日は定刻通り八丈島に着く。迎えの車中で宿泊先のご主人に農業を取材しに来たことを話すと宿に着く前にコアラの餌になるユーカリの葉を契約栽培している農家の畑に案内してくれました。

宿について一息してから食事に出かけた。宿のすぐ近くに山羊小屋があります。山羊はおびえる様子もなく新参者の私に寄って来たので、可愛くなり写真に納めました。海岸近くの食堂で昼食を済ませ宿に戻ろうとしたのですが方向音痴の私は道に迷い、家の前で何か作業している男性に道を尋ねることに。男性は宿を教えてくれただけでなく青ヶ島から八丈島に戻ったら、農業に係わる人を紹介してくれると約束してくれました。滞在

ロベ（ヘェニックス・ロベレニー）の葉の出荷準備　八丈島

期間が限られている私にとってなんとも有難い話でした。

その後宿に戻り、初めて訪れる青ヶ島に思いを馳せ、早めに床につきました。

翌朝、宿のご主人にヘリポートまで送ってもらう。ヘリコプターは重量制限が厳しいので大方の荷物は宿に置かせてもらい最低限の着替えと商売道具のカメラ機材だけを持ち込みました。ヘリコプターに乗るのは初めてなので、フライト前は上空で木の葉のように揺れるのではないかと心配したのですが嘘のように安定し、すこぶる快適でした。

飛び立って20分ほどで着いた青ヶ島は島民が180人ほどの、小さな島です。住所は東京都青ヶ島村無番地と番地がなく、島の誰もが顔見知りと聞く。島に着いた時、雨が降っていました。その日は全島民文化祭が行われているというので関係者の方の了解を得て文化祭会場へ足を運ぶ。黒いカーテンをくぐり会場に入ると島の子供たちが一生懸命、大きな声

サンダーソニアの手入れ／八丈島

葬儀　八丈島

で色々な衣装をまとい劇を演じていました。敬老席も用意され子供からお年寄りまで全島民が年一回の文化祭を楽しんでいる様子でした。島には高校がありません。高校へ進む生徒は中学校の卒業と同時に島を出ていきます。そんなこともあってか特に中学生の演技は真剣で、島での学校生活を大切にしたいと思っているようでした。それを見守る父兄や祖父母にも特別な思いがあるように感じられる文化祭でした。

会場から宿に戻る途中、高いコンクリート塀の隅に虫に食われ弱り切った野菜のポット苗が20個程しとしとと雨に打たれていました。

気になって近くの人に尋ねたところ野菜苗の持ち主は体を壊して東京の病院に長期入院をしているとのことでした。病気になって高度な医療を受けるためには島を出て大きな病院で治療を受けなければならないのです。主人の帰りを待つ苗はとても淋しそうに見えました。

盛り上がる祭り後の親睦会　八丈島

翌日は島トウガラシの生産を専業にしている農家を取材。島トウガラシは他のトウガラシよりも辛みが強く、特に一味として人気の高い品種です。二人手伝いの人を使っている生産農家です。麦わら帽子が３つ広いトウガラシ畑の中で動いています。

島のあちらこちらには青ヶ島特産の“青酎”の材料と思われるサツマイモ畑があります。わずか200人ほどが暮らす小さな島で全国に名をなす名酒を作り出しているということは素晴らしいを通り越して不思議に思うほどです。

駆け足取材でわずか３日間の青ヶ島滞在を終え、５日朝９時45分のヘリで八丈島に戻った私は早速八丈島の農家を巡る。八丈島は花農家が多い。私が訪ねた時期は主に切葉としてのフェニックスロベレニー（ロベ）やストレッチア通称ゴクラクチョウカと呼ばれるオレンジ色の個性的な花の畑があちらこちらにありました。

若人が山車を担ぐ郷の祭り　八丈島

野菜で出荷されるのはアシタバが主です。花木ものほうが収益が上がるということですが“最後やはり食べるもの”とアシタバ生産に精を出す農家の人の言葉は今でも事あるごとに思い出されます。

目的の一つであった郷の祭りの８日はあいにく鈍よりとした天気。しかし神社には高校生等を含む若い担ぎ手がはっぴ姿で揃っていました。御神輿が神社を出て間もなく空からは我慢しきれなくなったように雨が降り出す。雨は時々激しくなり、容赦なくはっぴを濡らし、白足袋には泥が跳ね上がります。それでも神輿は島のあちこちを練り歩いたのです。

祭りの締めは集会所での親睦会。私も声をかけていただいたので会場に足を運びました。喜々として八丈太鼓を叩き、大人は酒をのみ、高校生らは鍋をつつき、地元の婦人の手作りの料理に舌つづみを打って幕を下ろしました。かかわっ

島トウガラシを収獲する　青ヶ島

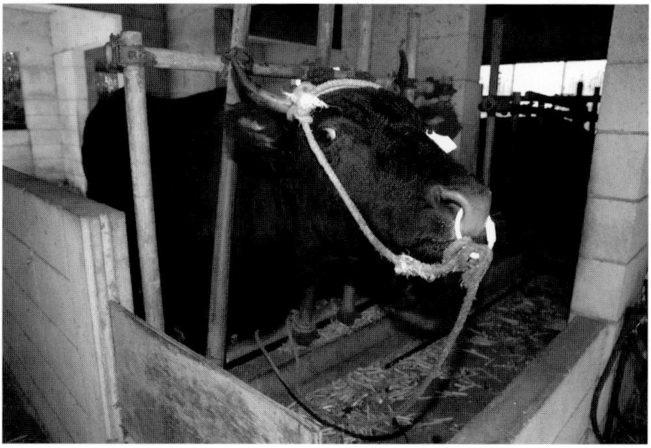

牛舎　青ヶ島

た人々はおおいに祭りを楽しんだ様子でした。

八丈島の人々は開放的で面倒見の良い人が多いようです。農業に従事していない人でも仕事の合間に知り合いの農家の人を紹介してくれたり、牧場に案内をしてくれたり、アシタバの加工場を案内してくれました。写真が好きという宿のご主人も風邪気味だというのに時間をやり繰りして風光明媚な場所を案内してくれました。

八丈島滞在の最終日はとても霧が濃く垂れこめて、飛行機が定刻通り飛べるのか地元の人も判らないほど微妙な天候でした。宿の主人には「欠航になったらまた戻ってきますからその時はよろしくお願いします」と言い置いて空港に向かう。定刻をずいぶん過ぎてではあったが飛行機は霧の中、東京に向けて飛び立ちました。

全島民参加の文化祭　青ヶ島

御蔵島

私は３冊目の写真集の取材のため2007年９月の神津島を皮切りに、小笠原父島、母島、大島、新島、式根島、八丈島、青ヶ島と東京の島を巡ってきました。

今回の訪問先は東京から南に約200kmの御蔵島。飛行機は大島などの経由になり、東京から御蔵島への直行便は大型船しかありません。前日の夜10時20分竹芝桟橋を出港し、翌朝６時過ぎ約７時間半の船旅でようやく御蔵島に着く。波は静かだが船酔いが怖くて航海中は二等席の自分に与えられたわずか80cmかける２mほどに区切られた床で貸毛布にくるまり横になり過ごしました。

島に近づいた時、海からお椀を伏せたようなあの独特の島の形を写真に納めたかったのですが船酔い気味で起き上がる事が出来ませんでした。

民宿の出迎えを受け宿に着くと船酔いもようやく落ち着きました。

東京本土より約２倍も雨の日が多く水が豊かな御蔵島はあちらこちらに湧水があります。私がついた日は曇りで午後からは雨の予報。雨にならぬうちにと午前８時頃から島で農作物を作っている人々を精力的に撮り歩きました。

島には小さな畑が点在しています。畑といってもほとんどが自家分か民宿をやりながら泊まり客に出す料理の食材に使用するかです。

農業の関係者の方から最初に紹介してもらった男性は、島で一番広い畑の持ち主です。段々畑を神妙な顔で大根の土寄せをしながら肥料を蒔いていました。写真を撮られるのがすこぶる苦手の様子です。表情が妙にこわばっていましたが人が良いのか断るに断れないという様子で写真に納まってくれました。

次に会ったのは元気の良い年配の女性。急な坂になっている畑でアシタバを刈りとっていました。彼女の脇にはがっしりとした背負い籠があり、中には今採ったばかりのアシタバが入っていました。「良い籠ですね」という私に「これは御蔵籠《みくらかご》といってとても良いものだ。でも作っていた人が亡くなってしまったのでとても残念だ」とさみしそうに話しました。何回かシャッターを切っていると「孫はNHK青森局のアナウンサーで時々テレビに出るんだよ」と話しました。ご自慢の孫のようで思わず笑顔になりました。

この取材中、私はしたたか藪蚊に刺さ

サトイモの皮を剥く　御蔵島

れていました。カユイカユイすごい数の藪蚊で半袖、短めのズボンの私の手足はみるみる赤くなりました。しかし蚊に刺されないようにポリエステル製のような洋服を着て対策をしている彼女は全く刺されることなく刈り入れをしています。虫よけスプレーを用意して来たにもかかわらず宿に置いてきた自分のおっちょこちょいをあらためて恨めしく思う。

　次に会った男性はこれまた段々畑でカブとダイコンの間引きをしていました。御蔵島の畑は段々畑が多いようです。取材を依頼しカメラを向けると彼は野菜作りの楽しさをものがたるように満面の笑みを浮かべて納まってくれました。

　何人か畑で働く人を撮り、遅めの昼食を済ませ食堂を出ると、軒先でチョコンと黒い帽子をかぶった婦人が里芋の皮をむいていました。ただ里芋を剥いているだけなのに穏やかで幸せそう。私が近づいて挨拶をすると「御蔵島のサトイモは赤くてとても美味しいんだよ」と剥いて

カブの間引き　御蔵島

アシタバを収穫する　御蔵島

いる手を休ませることなく言いました。丹精込めて作った里芋を食べる喜び、家族に食べさせる喜びが顔の表情を作り出しているように感じ、「写真を撮らせてください」と頼み込む。

日本は現在、アメリカ発の金融危機で急激な不況に陥り、派遣社員や契約社員の首切りなどが起こっています。先行きに希望が持てないというより生きてゆくことさえ難しい状態に置かれている人も多いと聞きます。彼女の表情はそんな今だからこそなおさら何でもない日常の中にあっても生きている喜び、食べられることの有難さを感じることの大切さを教えてくれたように思います。

「後日写真を送ります」と言う私に「変な顔に写っていたらいらないよ」と言われました。幸いにもその時の写真は自分

でも気に入っている。これならきっと喜んでもらえるに違いない。

島民は2008年1月現在わずかに279名。島の集落は港に程近い一角だけで誰もが顔見知りのようです。島民のアンケートによると島の良いところは、人が少ない、人間関係が密、星がきれい、魚がおいしい等とすぐ納得できるものもありますが、“船が着かないと休める”といった島民ならではの項目を見つけた時は思わず笑ってしまいました。

滞在中ガイドを依頼した若者はガイドと郵便配達業務をしているとのことでした。彼は海釣りを楽しみながら生活したいと島に移り住んだのですが、今年は台風が来ないので毎日仕事に追われ釣りをする時間がなく残念だと言いました。

水が豊かな御蔵島はあちらこちらに湧き水があり島の緑は水分を含みしっとりとしています。島で出会った人々の心も同じくギスギスすることなくしっとりとしているように感じました。

滞在期間の最終日には映画のようなワンシーンがありました。

今回の島の農業取材で大変お世話になったある方が、私が東京へ帰る日、大型船を待つ港に出港ぎりぎりにオートバイで駆けつけて、御蔵島出身の写真家の写真集と、御蔵島特産の柘植の箸を「お土産に」と手渡し、疾風のごとく走り去ったのです。御蔵島特産の柘植はとても人気が高い。お世話になった上にこんな心遣い。また嬉しい思い出がひとつ増えました。

三宅島

三宅島は2000年雄山噴火で全島避難となりました。2005年に避難解除されましたが、2007年1月の時点では未だ島の約45パーセントが立ち入り禁止となっています。約4分の1の島民は戻っていません。

羽田からの飛行機も考えましたが西風が吹くこの時期は欠航が多いということで大型船にしました。夜10時20分竹芝桟橋を出て翌朝5時30分着。船には貸し毛布が用意されており私は1枚100円ナリの毛布を2枚借り受け、ゴロリザコ寝をし、揺られ揺られて約7時間やっと三宅島に着きました。

2000年の噴火被害で幹が白く朽ちた木々が立ち並ぶだけでなく1983年の噴火で溶岩が流れ出し甚大な被害にあった旧阿古小中学校は当時のままの姿で保存され、自然の力の恐ろしさがうかがえます。2000年の噴火は農家にも様々な対応を余儀なくしました。以前、盛んに生産されていたレザーファンという葉物は一度ガスに当たると葉先が赤く錆び色に

細く切り寒風にさらし干しイモを作る　三宅島

サツマイモの収穫　三宅島

キヌサヤ畑　三宅島

なり売り物になりません。ガスに強いルスカスやキキョウランなどの葉物の生産に切り替えています。売れる作物を作ろうと試行錯誤の日々のようです。

本州が北風が吹くこの時期、三宅島の季節風は西風です。私は暑がりだからとたかをくくって薄手の衣類しか詰め込んでこなかったので三宅島の寒さに驚きました。滞在中は宿泊先の女主人に黒い厚手の上着を拝借して過ごしました。季節風はとても強く夜寝ている時でさえ風が窓を叩く音で度々目が覚めたほどです。冬の寒さは風が有ると無いでは大違い。季節風を待ち望む人の話を聞いたことがありませんでしたが、三宅島の人々はこの西風を逞しく利用しています。さつま芋をふかしてミンチ状にして笊に広げ冷たい西風にさらして乾燥させ、餅に混ぜる「ふかし芋干」を作るのです。高値で取引されるといいます。農家は勿論一般の家でも作るようです。ある農家では御蔵島に住む母親がこの時期になると毎年三宅島の娘宅に芋干しの手伝いに来ています。盆でも正月でもないこの時期を楽しみにしているようです。

都会の生活に疲れた会社勤めの息子を島に呼び戻したところ、自分を取り戻して新しい仕事に着けたという話などを聞くと故郷としての島の存在はゆるぎないもののようです。

復興半ばの三宅島の一日も早い完全復興を願ってやみません。

三宅かごは額で担ぐ　三宅島

ついに利島へ

最後の訪問地の利島は島特有の断崖絶壁のため冬場は特に欠航が多い島。そのため2009年2月1日大島まで船で行き、それからヘリコプターで渡ることにしました。ヘリコプターは乗客9人乗りで予約で満席ということが多いので、大島までの船が欠航になったりすると日程はことごとく狂ってしまいます。どの島に行く時もこういう点では気が抜けません。今回利島に入る前にとんでもない出来事が。8時15分竹芝桟橋発の高速ジェット船で10時頃大島に着いたときは椿まつりパレードの真っ最中でした。利島に渡る為の乗り継ぎヘリコプターのフライト予定時間は11時50分、まだ1時間ほどの余裕があるので、祭りで繰り広げられている御神火太鼓などのイベントを撮り歩きました。そろそろ空港に向かわなければならない時間になったので港で客待ちをしているタクシーに乗り込み大島空港へ。手荷物検査の時になって初めて滞在中の衣類や写真データをコピーするストレージやストロボの入ったキャリーバッグを祭り会場の路上に置き忘れたことに気がついたのです。慌てて空港前に停車しているタクシーに飛び乗り会場に戻りました。大急ぎで会場内を駆け出している私の背後から「髙橋さ〜ん」と声がかかる。振り向くと一年ほど前の大島取材の時にお世話になった農業関係の方。すごい形相だったに違いない私は急に恥ずかしくなりました。事の次第を手短に説明して心当たりの場所に急ぐ。私の荷物は祭り会場の中で慌て者の私をじっと待っていました。待たせていたタクシーで空港へとんぼ返り、なんとか滑り込みセーフ！　助かった！　このフライトに間に合わなければ利島行きの日程がことごとく狂う一大事でした。最後の目的地利島にはこんなドタバタ劇の末たどり着いたのですがこのことは未だ家族には話していません。

島に到着したのが昼時だったので、近くの食堂で昼食を済ませようと思っていたのですが、私が島での案内をお願いした方が初対面の私を家に招き入れ、お嫁さん手作りのカレーライスを御馳走してくれました。程良い辛みのカレーライスは旅の疲れを癒し、とてもおいしく心づかいに感謝しました。

食事中、今までの伊豆七島をはじめとした東京の島の農業の取材話をあれこれした後、ツバキの実を拾い集めている奥さんの所に案内してくれました。奥まっ

ツバキの実を集める　利島

ツバキの実を集める　利島

た椿林の中でかがんでツバキの実を採っていました。利島は日本一の椿油生産地です。酸化しにくい優れた油として毛髪や皮膚に使用する以外に高級食用油としても利用されています。

島はいたるところ椿林です。急な山肌は段々畑のツバキの木で覆われています。その椿林の中で堆積したツバキの花びらや枯れ草を取り除きながら腰をかがめて実を一粒一粒拾い集めるのです。集めた実を運ぶモノラックのレールは島のあちらこちらに見られます。実は洗浄して乾かし、村営の製油所で油にするのです。

腰をかがめて拾い集めるのは骨の折れる作業のように思うのですが採っている当人は「嫌いならしない。好きなんだよ」と笑いながら話してくれました。

集めた枯れ草を椿林で燃やしながら作業をするのでその煙が大島からは“のろし”の様に見え「あの煙は○○さんの椿林の辺りから出ている。元気にやっているようだ」などと思いを巡らす“冬の風物詩”なっているのだと教えてくれました。煙は風の向きにより色々な形に変化し幻想的な効果を生みだし、普通の農作業とは一味違った写真になりました。

ツバキの実を唐蓑にかける　利島

2007年9月26日に神津島からスタートした東京の島“農業めぐり”は約1年半2009年2月4日利島取材を終了して目的を達成しました。八丈島以外は全く初めて訪れる島でした。取材はいつも事前に余り下調べをしませんでした。現地で感じたものを感じたままに撮る。良く言えば感性を大事にする、悪く言えばズボラでした。

それぞれの島の滞在期間3日から4日間と、短かったにもかかわらず農作業だけに止まらず郷土料理取材、祭りや盆かざり、島の葬儀など風土に根付いたものも写真に納めることが出来ました。忙しい中案内してくださった農業関係者の方はじめ、現地の方々の協力がなければとてもかなわないことと思い起こしています。

本音で自分の気持ちをぶつけてくれた人。夜明け前の写真撮影のため早朝に車を出してくれた宿の人。自家分の野菜を送ってくれた人、これぞ東京ブランドと思わせる柔らかいみずみずしい明日葉や特級品のキヌサヤを箱一杯に惜しげもなく送ってくれた人。目的の島を撮り終えた今、それぞれの島で出会った方々、出来事を懐かしく思い出しています。

農業に携わっている皆様、島で頑張っている皆様に感謝の気持を込め、東京農業の素晴らしさと逞しさ、島の魅力を伝えることが出来る写真集にしたいと願って編集作業をしています。

取材へのご協力、本当にありがとうございました。

神津島

白い砂浜が続く神津島の海岸　神津島

東京名水 100 選「多幸湾」の水場　神津島

台風で揺れる木々　父島

どこまでも美しい父島の海岸　父島

マルハチは南国の証し　父島

農園で育つコーヒーの木　父島

海岸近くの公園で育つモンバノキ　父島

白い雲湧く父島列島　父島

母島

防風林に囲まれた畑　母島

実をつけるパパイア　母島

農業用水とサトイモの葉　母島

出航を見送る
子供たち　母島

パイナップルの花　母島

大島

雪景色の裏砂漠　大島

キヌサヤ畑　大島

「椿まつり」で御神火太鼓を演奏する若者たち　大島

郷土芸能大会を
前に踊りを練習
大島

郷土料理・島ずしやアシタバのお浸し　大島

無料の「湯の浜露天温泉」　新島

新島屋外博物館・古民家　新島

海岸近くの土産店　新島

海風になびく新盆飾り　新島

コーガ石の像が点在する海岸線　新島

大きく育ったサトイモの葉　新島

式根島

潮の満ち引き、潮流を活かした
シマアジやマダイの養魚場　式根島

細かく仕切られた民宿近くの畑　式根島

八丈島・青ヶ島

八丈島空港前のオブジェと八丈富士　八丈島

荘厳な裏見ヶ滝　八丈島

広がるアシタバ畑　八丈島

青酎の原料となるサツマイモ畑　青ヶ島

大賀郷永郷のアロエ公園　八丈島

自家製島トウガラシをベランダに干す　八丈島

御蔵島

テトラポットが並ぶ海岸　御蔵島

鬱葱とした森に生きづく見事な巨樹　御蔵島

シイタケのほだ木が並ぶ林　御蔵島

ツゲ林再生の為の優良苗育成事業の苗床　御蔵島

三宅島

三宅島の海岸・遠くに見えるのは御蔵島　三宅島

ダイコンを干す　三宅島

地元の小学生の絵が描かれた伊勢エビ水槽庫　三宅島

ビニールハウス用の鉄骨をかたずける　三宅島

利島

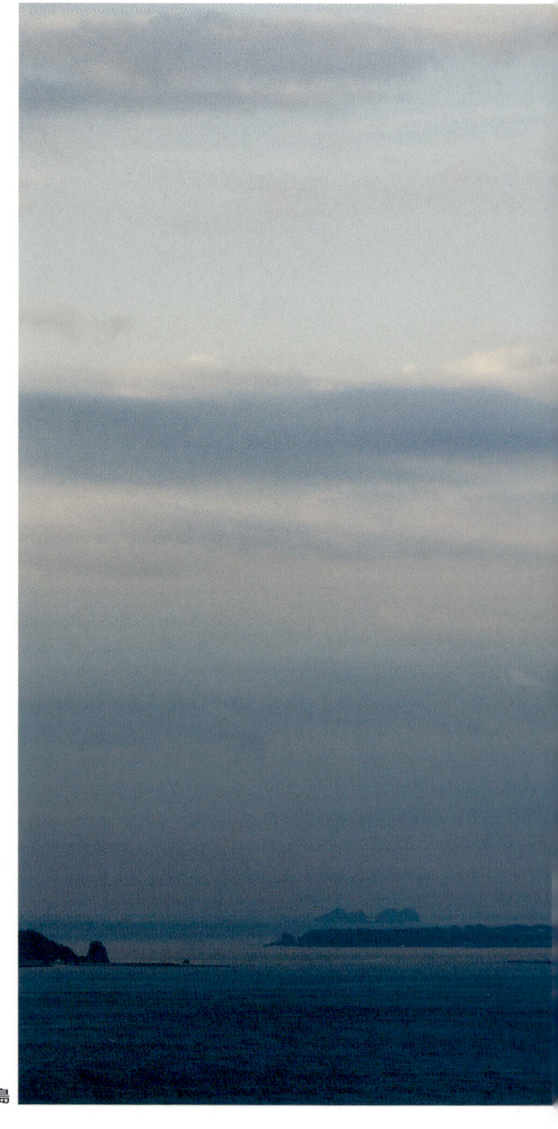

利島から見た平たく長い式根島と大きな神津島　利島

ツバキの実を運ぶモノラック　利島

島のあちらこちらにはツバキの木　利島

玄関先でツバキの実を天日干し　利島

著者プロフィール

髙橋 淳子（たかはし じゅんこ）

1947年　山形県生まれ。5歳の時上京。独身時代の20年間を下町で過ごす。演歌歌手として地方回りを経験後OLに転向、三菱商事、松下電工に勤務。結婚後、自宅、手芸店等にて編み物講師を10年間続ける。

1994年　絵画の勉強に使いたいと、一眼レフカメラを購入、写真の魅力にとりつかれる。

2002年　ライフワークとして日本の「農」を撮り始めフリーの写真家となる。

2004年　写真展「東京近郊で生きる農民たち」東京新宿ペンタックスフォーラムにて開催。

2004年　写真集『東京近郊農家』（東方出版）出版。

その他　カメラ雑誌、農業関係団体・企業、一般企業、学校等に広く写真提供。高校、大学、市民大学等で写真展及び講演。NHKカルチャー写真講師。旅行会社撮影ツアー指導講師。

2007年　写真集『東京「農」23区』（文芸社）出版。

2007年　写真展『東京「農」23区』東京銀座富士フォトサロンにて開催。

受賞　1996年　千葉県勤労者美術展　労働大臣賞

　　　2000年　全国公募団体三軌展　三軌会賞

　　　他　入賞入選多数

所属団体　社団法人　日本写真家協会（JPS）会員

　　　　　社団法人　日本写真協会（PSJ）会員

　　　　　日本旅行写真家協会（JTPA）会員

　　　　　農政ジャーナリストの会会員

東京「農」離島

2010年2月15日　初版第1刷発行

著　者　髙橋 淳子

発行者　瓜谷 綱延

発行所　株式会社文芸社

〒160-0022　東京都新宿区新宿1－10－1

電話　03-5369-3060（編集）

03-5369-2299（販売）

印刷所　図書印刷株式会社

ISBN978-4-286-08332-2